Die Garantie-Probeheizung bei Wasser- und Dampfheizanlagen

einschließlich Berechnung der notwendigen Luftzirkulationsquerschnitte bei Heizkörper-verkleidungen.

Von

Hermann Recknagel,

Diplom Ingenieur.

Mit 3 in den Text gedruckten Abbildungen.

München und Berlin.
Druck und Verlag von R. Oldenbourg.
1910.

Vorwort

Die Ausführungen in Nr. 20 des »Gesundheits-Ingenieur«
1910 lassen es für den Fall praktischer Verwertung wünschenswert erscheinen, die einschlägigen Formeln in handlichem
Format zur Seite zu geben. Diesem Zwecke diene der vorliegende Sonderabdruck, dem die Berechnung der Zirkulationsquerschnitte bei Heizkörperverkleidungen beigefügt wurde
(vgl. Ges.-Ing. 1910, Nr. 18), da bei Probeheizungen die Kon-
trolle der sachgemäfsen Ausführung etwa vorhandener Heizkörperverkleidungen Hand in Hand zu gehen hat.

Berlin W. 30, Juni 1910.

Hermann Recknagel.

Einleitung.

In den Lieferungsverträgen für Zentralheizungsanlagen bildet die Garantie für ausreichende Erwärmung der geheizten Räume bei den zu erwartenden tiefsten Aufsentemperaturen eine gewichtige Rolle. Vielfach will die Entlassung der ausführenden Firma aus der Haftung von dem praktischen Beweis abhängig gemacht werden, dafs auch bei der gröfsten Kälte (meist — 20° C) die vertraglichen Innentemperaturen erreicht werden. Grofse Kälte tritt in vielen Heizperioden nur an wenigen Tagen auf und dann oft nicht so lange anhaltend, dafs die Durchführung einer sachgemäfsen Garantieheizung möglich ist, welche sich im Zweifelsfalle auf mehrere Tage zu erstrecken hat, besonders dann, wenn auch Räume einbezogen werden sollen, in welchen normal der Heizbetrieb ausgeschaltet ist. In manchen Jahren wird eine sehr tiefe Aufsentemperatur überhaupt nicht erreicht und damit die Klärung eines wichtigen Vertragspunktes oft jahrelang nicht möglich, was für beide Vertragsteile unangenehm sein kann.

Es erscheint daher wünschenswert, Normen aufzustellen, nach welchen auch bei normaler Wintertemperatur die Durchführung einer Garantie-Probeheizung möglich ist. Bei der Tragweite solcher Probebetriebe ist es unerläfslich, alle einschlägigen Gesichtspunkte einer sorgfältigen Prüfung und Bewertung zu unterziehen und abzuwägen, wie weit es im Hinblick auf die erreichbare Genauigkeit notwendig ist, die in Frage kommenden Einflüsse rechnerisch zu würdigen.

Die vorliegende Arbeit soll besonders auch dahin auf-
klärend wirken, daſs es unmöglich ist, die für den Fall gröſster
Kälte erreichbare Temperaturdifferenz, welche z. B. bei —20⁰ C
Auſsentemperatur und + 20⁰ C Innentemperatur 40⁰ C beträgt,
auch bei höheren Auſsentemperaturen in der gleichen Höhe
zu erzielen. Der Laie nimmt vielfach an, daſs eine Heizungs-
anlage, welche bei — 20⁰ C, 40⁰ Temperaturunterschied, also
+ 20⁰ C Innentemperatur erreichen läſst, bei 0⁰ Auſsentemperatur eine Temperatur im Innern von + 40⁰ C herbeiführen müsse, wenn die Heizwirkung der Heizkörper
bis zur Maximalleistung gesteigert wird. Das ist irrtümlich
und schon deshalb nicht möglich, weil die Wärmeabgabe der
Heizkörper wesentlich abnimmt, wenn sich die Raumtemperatur erhöht, sie würde im extremen Falle fast vollständig
aufhören, wenn die den Heizkörper umgebende Luft bei
Dampfheizung etwa 100⁰ C erreichen würde.

Bei einer eintretenden Temperatursteigerung im Raume
vermindert sich aber nicht nur die Wärmeabgabe der
Heizkörper, sondern es erhöhen sich auch die Wärmeverluste nach Nachbarräumen, z. B. nach temperierten Gängen
und Treppenhäusern. Beträgt z. B. bei gröſster Kälte die
Gangtemperatur + 10⁰, dann besteht gegen einen + 20⁰
warmen Raum nur 10⁰ Temperaturdifferenz, welche bei
einer Steigerung der Raumtemperatur auf 30⁰ z. B. schon
das Doppelte erreicht und damit auch eine doppelt so
hohe Abkühlung bedingt. Eine Temperatursteigerung des
fraglichen Raumes wird hierdurch naturgemäſs erschwert.

Bei dem Betrieb von Wasserheizungsanlagen ist eine
analoge irrtümliche Auffassung viel verbreitet. Soll die Heizwassertemperatur bei — 20⁰ C Kälte z. B. 90⁰ C betragen,
so nimmt der Laie an, daſs bei 0⁰, bei der Hälfte der Temperaturdifferenz auch 45⁰ Heizwassertemperatur genügen
müssen, während in Wirklichkeit viel höher geheizt werden
muſs, was sich teilweise schon aus der einfachen Überlegung
ergibt, daſs bei einer Temperaturdifferenz zwischen innerer
und äuſserer Luft = Null, also bei + 20⁰ Auſsentemperatur
nicht etwa mit 0⁰ warmem Wasser zu heizen ist.

Zunächst sei auf die hauptsächlichsten einschlägigen literarischen Arbeiten verwiesen, welche für die Lösung der gestellten Aufgabe in Betracht kommen:

G. de Grahl hat im Gesundheits-Ingenieur 1906, S. 333, die Frage der generellen Regelung der Warmwasserheizung durch Variation der Heizwassertemperatur ausführlich behandelt. Der dieser Arbeit zugrunde liegende Irrtum beruht in der Annahme, daß die bei größter Kälte zur Berechnung der Rohrdimensionen angenommene Temperaturdifferenz von 20 bis 30⁰ im Vor- und Rücklauf konstant erhalten bleibt, auch wenn die Heizwassertemperatur geringer wird. Daß dem nicht so sein kann, geht schon aus der Erwägung hervor, daß z. B. bei 90⁰ Vorlauf, 65⁰ Rücklauf, also 25⁰ Temperatur-differenz eine mittlere Heizkörpertemperatur von 77,5⁰ C herrscht, also bei 20⁰ Raumtemperatur oder 57,5⁰ Temperatur-differenz, das den Heizkörper durchlaufende Wasser eine größere Auskühlung erfahren muß, als bei einer Heizwasser-temperatur, welche sich der Raumtemperatur mehr nähert. So würde sich z. B. bei einer Steigrohrtemperatur von 40⁰, der absurde Fall ergeben, daß das Rücklaufwasser bei kon-stant bleibender Temperaturdifferenz von 25⁰, mit 15⁰ zum Kessel zurückfließen müßte, also unter der Raumtemperatur von 20⁰ C, was natürlich ausgeschlossen ist. Im übrigen stellt die Arbeit den ersten bedeutsamen Schritt dar, die Wasser-temperaturen zu ermitteln, welche bei höherer Außentempe-ratur den gleichen Heizeffekt herbeiführen können wie die maximale Heizwassertemperatur bei dem größten Unterschied zwischen Innen- und Außentemperatur, also bei größter Kälte, für welche die Wasserheizung noch die ausreichende Erwär-mung übernehmen soll.

Rietschel beschreitet einen anderen Weg und versucht rechnerisch diejenige Raumtemperatur zu ermitteln, welche sich bei maximaler Beanspruchung der Heizung bei höherer Außentemperatur einstellen muß, wenn bei größter Kälte eine bestimmte Innentemperatur garantiert ist. Bei dem auf Seite 458 seines Leitf. I. 1909 berechneten Beispiel ist die mit höherer Raumtemperatur eintretende Änderung der mitt-leren Heizwassertemperatur nicht berücksichtigt. Der prak-

tischen Durchführung einer solchen Garantieheizung für ein
ganzes Haus stehen aufserdem die mit dem Überheizen zu-
sammenhängende Unbenutzbarkeit der bewohnten Räume und
die eventuellen nachteiligen Einflüsse auf die Möbel etc. ent-
gegen. Man wird also diese Probeheizung auf besondere
Fälle beschränken, bei welchen, wie gezeigt werden wird, die
beregten Mifsstände wesentlich gemindert werden können,
wenn die Probeheizung nicht gleichzeitig für das ganze Haus,
sondern nur für einzelne Räume durchgeführt wird, ein Fall,
wie er dem praktischen Bedürfnis am meisten entspricht, da
es meist nur einige wenige Räume sind, welche bezüglich der
Möglichkeit ausreichender Erwärmung Zweifel erregen.

Zur Erzielung einer ausreichenden Genauigkeit mufs auch
bei der Feststellung des Wärmebedarfs bei den verschiedenen
Aufsentemperaturen der wesentliche Einflufs der Wärmeverluste durch Innenwände gegenüber den Verlusten nach dem
Freien berücksichtigt werden. Dieser Umstand, der das End-
resultat ganz wesentlich beeinflufst, hat seither in der Literatur
rechnerisch keine Berücksichtigung erfahren.

Bei der grofsen Bedeutung, die solchen Garantieheizungen
zukommt, wird man die gröfstmögliche Genauigkeit anstreben
müssen, ohne Übertreibung mit Rücksicht darauf, dafs die
Anzeige und Ablesung der im praktischen Betriebe verwen-
deten Mefsinstrumente Fehlerquellen enthalten, welche nicht
unerheblich sind. Anderseits können durch praktische Versuchsergebnisse im Sinne nachfolgender Betrachtungen unsere
Kenntnisse auf dem unsicheren Gebiete der Wärmeverlust-
berechnungen wesentlich erweitert werden.

Berechnung der Heizwassertemperatur bei Warmwasser-heizanlagen für eine bestimmte Aufsentemperatur.

Zunächst sei angenommen, dafs durch die Wasserheizung
nur ein einziger Raum zu erwärmen sei, dessen Wärmeverlust
bei der in Rechnung gesetzten tiefsten Aufsentemperatur
$= W_{max}$ WE/st betrage. Bei einer maximalen Heizwassertemperatur im Vorlauf $= T_t$ und einer dazu gehörigen Rück-

lauftemperatur $= T_a$ ist die mittlere Heizwasser- oder Heiz-

körpertemperatur $= T_m = \dfrac{T_e + T_a}{2}$.

Dietz[1]) hat die Versuchsergebnisse Rietschels über die Wärmeabgabe der Heizkörper in die Formel zusammengefafst:

$$k = \alpha + \beta \, (t_m - t_i) \quad . \quad . \quad . \quad . \quad \text{Gl. 1)}$$

$k =$ Wärmeabgabe eines qm Heizfläche für 1^0 C Temperaturunterschied,

$\alpha =$ Wert, abhängig von der Art der Heizfläche,

$\beta =$ Konstante $= 0,033 = \dfrac{1}{30}$,

$t_m =$ mittlere Temperatur des Heizkörpers C,

$t_i =$ Raumtemperatur C.

Der von der Art der Heizfläche abhängige Wert von α beträgt z. B. bei Wasserheizung und sechsgliedrigen Radiatoröfen $= 4,4$, mit steigender Gliederzahl abnehmend bis 4,05 und mit abnehmender Gliederzahl zunehmend bis 6,6; für Rippenöfen ist $\alpha = 2,2$ bis 2,7; je niedriger der Wert von α angenommen wird, um so sicherer rechnet man, so ergibt

sich z. B. für $\alpha = 4,6$, $t_m = \dfrac{90 + 65}{2} = 77,5^0$, $t_i = 20^0$ C,

$$k = 4,6 + \frac{77,5 - 20}{30} \sim 6,5$$

oder die Wärmeleistung eines qm Heizfläche

$$W = \left(\alpha + \frac{t_m - t_i}{30} \right) (t_m - t_i) \quad . \quad . \quad . \quad \text{Gl. 2)}$$

für $t_m = 77,5^0$, $t_i = 20^0$,

$$W = 6,5 \, (77,5 - 20) \sim \mathbf{374} \text{ WE/st.}$$

Praktisch liegt der Fall so, dafs die Gröfse der eingebauten Heizfläche q und der maximale Wärmeverlust W_{max} bekannt sind, also auch die maximale Beanspruchung der

Heizfläche pro qm $= \dfrac{W_{max}}{q}$ WE/st. Da ferner die der Berechnung zugrunde liegende höchste Heizwassertemperatur

¹) Ludwig Dietz, Ventilations- und Heizanlagen, München 1909, S. 263.

T_e, die zugehörige Rücklauftemperatur T_a, also auch die mittlere Heizkörpertemperatur T_m bekannt sind, so kann aus der Gleichung 1) bei der gleichfalls gegebenen Raumtemperatur t_i, der jeweils in Frage kommende Wert von α berechnet werden.

$$k = \frac{W_{max}}{q\,(T_m - t_i)} = \alpha + \frac{T_m - t_i}{30}$$

$$\alpha = \frac{W_{max}}{q\,(T_m - t_i)} - \frac{T_m - t_i}{30} \qquad . \ . \ . \ \text{Gl. 3)}$$

z. B. $W_{max} = 6300$ WE/st, $q = 17{,}4$ qm, $T_m = \dfrac{90 + 65}{2} = 77{,}5$,

$$t_i = 20^0$$

$$\alpha = \frac{6300}{17{,}4 \cdot 57{,}5} - \frac{77{,}5 - 20}{30} = 4{,}4.$$

Die maximale Beanspruchung eines qm Heizfläche berechnet sich zu $\dfrac{W_{max}}{q} = \mathbf{363}$ WE/st.

Beträgt der Wärmeverlust nur die Hälfte des Gröfstwertes, so wird 1 qm Heizfläche nur mit der Hälfte der maximalen Leistung beansprucht, also im vorliegenden Beispiel nur mit 181,5 WE/st oder ganz allgemein, es wird die Heizfläche der Warmwasserheizung nur im Verhältnis des Wärmebedarfes oder der Wärmeverluste in Anspruch genommen.

Bezeichnet man den Wärmeverlust bei einer Aufsentemperatur t_x mit W_x und die maximale Beanspruchung eines qm Heizfläche in WE/st mit K, so ist die notwendige Wärmeleistung K_x der Heizfläche bei t_x Grad Aufsentemperatur

$$K_x = K \cdot \frac{W_x}{W_{max}} \ \text{WE/qm/st.}$$

Setzt man in Gleichung 2) für W den so berechneten Wert von K_x ein, so kann für das bekannte t_i, unter Benutzung des oben ermittelten Wertes von α, die notwendige mittlere Heizkörpertemperatur x berechnet werden. Gleichung 2) lautet alsdann

$$K_x = \left(\alpha + \frac{x - t_i}{30}\right)(x - t_i).$$

Es berechnet sich x aus dieser quadratischen Gleichung zu

$$x = \sqrt{(15\,a - t_i)^2 + 30\,a\,t_i - t_i^2 + 30\,K_x} - (15\,a - t_i)\ \text{Grad C.}$$

Für $a = 4,4$ und $t_i = +20^0$ C vereinfacht sich die Formel zu

$$x = \sqrt{4356 + 30\,K_x} - 46 = \text{Grad C} \quad \ldots \ldots \quad \text{Gl. 4)}$$

Nimmt man den Wärmebedarf proportional der Temperaturdifferenz zwischen Innen- und Aufsenluft an, so ergeben sich für eine auf 40^0 Temperaturdifferenz bei -20^0 C
Aufsentemperatur berechnete Anlage folgende zusammengehörige Werte für die Aufsentemperatur und die notwendige
Wärmeleistung K_x pro qm Heizfläche und die zugehörige
mittlere Heizkörpertemperatur x:

Aufsentemp. $t - 20$ -15 -10 -5 ± 0 $+5$ $+10^0$C

Wärmeab-

    gabe $K_x = 363$ 318 $272,5$ 227 $181,5$ $136,5$ $90,75\frac{\text{WE}}{\text{qm-st}}$

Mittl. Heizkör-

    pertemp. $x = 77,5$ 72 66 $59,5$ 53 46 38^0 C.

Wenn man die Änderung der spezifischen Wärmeabgabe
pro qm Heizfläche und 1^0 Temperaturdifferenz mit der Änderung der absoluten Höhe der Temperatur nicht berücksichtigt, so ergibt sich die Rechnung einfacher wie folgt:
Temperaturdifferenz zwischen Heizkörper und Raumluft
$$= \frac{90 + 65}{2} - 20 = 57,5^0,\ \text{bei halber Wärmeleitung wäre}$$
alsdann auch nur der halbe Temperaturunterschied $= 0,5 \cdot 57,5$
$= 28,75^0$ nötig, also eine mittlere Heizkörpertemperatur
$= 28,75 + 20 = \textbf{48,75}^0$ statt der genau berechneten von $\textbf{53}^0$
bei 0^0 Aufsentemperatur. Man erkennt, dafs der Fehler so
grofs ist, dafs auf eine genaue Berechnung nicht verzichtet
werden kann.

    Ist die mittlere Heizkörpertemperatur berechnet, dann
ist die dazu gehörige Vorlauftemperatur zu ermitteln, und
zwar mit Rücksicht darauf, dafs mit abnehmender Heizwassertemperatur auch der Temperaturunterschied im Vor-
und Rücklauf abnehmen mufs. Bei geringerer Wärmeabgabe

der Heizkörper wird das durchfliefsende Wasser nicht so stark abgekühlt wie bei der Maximalleistung.

Die Wassergeschwindigkeit ist der Quadratwurzel aus der Gewichtsdifferenz der kalten und warmen Wassersäule proportional

$$v = c \sqrt{\gamma_a - \gamma_e}$$

$v =$ Wassergeschwindigkeit,

$c =$ Konstante für die gleichbleibenden Bewegungswiderstände,

$\gamma_a =$ Gewicht eines cbm Wasser im Rücklauf,

$\gamma_e =$ Gewicht eines cbm Wasser im Vorlauf.

Bezeichnet man die bei der mittleren Heizkörpertemperatur x sich einstellende Temperaturdifferenz mit y, so mufs folgende Gleichung erfüllt sein:

$$c \sqrt{\gamma_a' - \gamma_e'} \cdot \frac{y}{K_x} = c \sqrt{\gamma_a - \gamma_e} \cdot \frac{T_e - T_a}{K_{max}}.$$

Beide Seiten durch c dividiert ergibt

$$y \cdot \sqrt{\gamma_a' - \gamma_e'} = \sqrt{\gamma_a - \gamma_e} \cdot \frac{K_x}{K_{max}} \cdot (T_e - T_a) \quad . \quad \text{Gl. 5)}$$

$y =$ gesuchte Temperaturdifferenz im Vor- und Rücklauf bei der mittleren Heizkörpertemperatur x,

$\gamma_a' =$ Gewicht eines cbm Wasser im Rücklauf bei der Wärmeabgabe K_x/qm/st,

$\gamma_e' =$ Gewicht eines cbm Wasser im Vorlauf bei der Wärmeabgabe K_x/qm/st,

$\gamma_a =$ Gewicht eines cbm Wasser im Rücklauf bei T_a ⁰C,

$\gamma_e =$ » » » » » Vorlauf » T_e ⁰C,

$K_x =$ Wärmeabgabe des Heizkörpers bei der mittleren Heizkörpertemperatur x^0,

$K_{max} =$ Wärmeabgabe des Heizkörpers bei der mittleren Heizkörpertemperatur $\dfrac{T_e + T_a}{2}$,

$T_e =$ Vorlauftemperatur bei der Maximalwärmeleistung des Heizkörpers,

$T_a =$ Rücklauftemperatur bei der Maximalwärmeleistung des Heizkörpers.

Auf der rechten Seite der Gleichung 5) sind alle Werte bekannt bzw. gegeben durch die Art der Anlage, z. B. für

$$T_a = 75^0 \quad \ldots \ldots \quad \gamma_a = 974{,}89{,}^{[1]}$$
$$T_e = 95^0 \quad \ldots \ldots \quad \gamma_e = \underline{961{,}92}$$
$$12{,}97{,}$$

dann ist für

$$a = 4{,}4 \quad K_z = 213{,}5 \text{ für } 20^0 \text{ Temperaturunterschied}$$
$$\text{oder } 0^0 \text{ Aufsentemperatur.}$$
$$K_{max} = 427$$

Für $K_z = 213{,}5$ berechnet sich aus Gleichung 4) $x = 57{,}5^0$ und Gleichung 5) lautet

$$y \sqrt{\gamma_a' - \gamma_e'} = \sqrt{12{,}97} \cdot 0{,}5 \cdot 20 = 36.$$

Da das Mittel $\dfrac{\gamma_a' + \gamma_e'}{2}$ aus dem berechneten $x = 57{,}5^0$ bekannt ist, kann der Wert von y durch Probieren ermittelt werden, z. B.

1. Annahme:

$$y = 15^0; \text{ dann ist die Rücklauftemperatur} = 57{,}5 - \frac{15}{2} = 50^0,$$
$$\text{die Vorlauftemperatur } = 57{,}5 + \frac{15}{2} = 65^0,$$

$$\gamma_a' = \gamma_{50} = 988{,}07$$
$$\gamma_e' = \gamma_{65} = \underline{980{,}59}; \quad 15 \sqrt{7{,}48} = 15 \cdot 2{,}74 = 41{,}1 \text{ statt 36, also}$$
$$7{,}48$$

wurde der Wert von y zu grofs gewählt!

2. Annahme:

$$y = 14^0$$
$$\gamma_{50{,}5} = 987{,}84$$
$$\gamma_{64{,}5} = \underline{980{,}86}; \quad 14 \sqrt{6{,}98} = 14 \cdot 2{,}64 = \mathbf{36{,}9} \text{ also hin-}$$
$$6{,}98$$

reichend genau übereinstimmend mit **36**.

---

[1]) Die Werte von γ für 50^0 bis 95^0 C von Zehntel- zu Zehntelgrad sind zu entnehmen aus: H. R e c k n a g e l, »Die Berechnung der Rohrweiten bei Schwerkraftwarmwasserheizungen.« München und Berlin 1909. Verlag von R. Oldenbourg.

Für $y = 14$ ist also die Gleichung erfüllt, für die halbe Wärmeleistung ist die mittlere Heizkörpertemperatur $= 57,5^0$, die Temperaturdifferenz im Vor- und Rücklauf 14^0 C, also die Vorlauftemperatur $= 57,5 + \dfrac{14}{2} = 64,5^0$ C, die Rücklauftemperatur $= 50,5^0$ C.

Der Weg des Probierens kann umgangen werden durch eine Annäherungsrechnung mit nachträglicher Korrektur.

Setzt man in Gleichung 5) statt der Differenz des Wassergewichts die Temperaturdifferenz im Vor- und Rücklauf ein, so geht Gleichung 5) über in folgende Gleichung:

$$y \sqrt{y} = \sqrt{T_e - T_a} \cdot \frac{K_x}{K_{max}} \cdot (T_e - T_a) \quad . \quad . \quad \text{Gl. 6)}$$

oder
$$y^3 = (T_e - T_a)^3 \cdot \left(\frac{K_x}{K_{max}}\right)^2$$

$$y = (T_e - T_a) \sqrt[3]{\left(\frac{K_x}{K_{max}}\right)^2}$$

$$T_e - T_a = 95 - 75 = 20^0; \quad \frac{K_x}{K_{max}} = 0,5;$$

$$y = 20 \sqrt[3]{(0,5)^2} = 20 \cdot 0,63 = \mathbf{12,6}^0 \text{ C, statt wie oben}$$
berechnet **14**^{0} C.

Die Vorlauftemperatur des Heizwassers berechnet sich also näherungsweise um $(14 - 12,6) \cdot 0,5 = 0,7^0$ C zu niedrig. Wenn man beachtet, daß die Kesselthermometer oft mehr als 1^0 unrichtig zeigen, so kann für viele Fälle die näherungsweise Rechnung als ausreichend befunden werden, auch ohne nachträgliche Korrektur.

In Gleichung 6) ist näherungsweise $\sqrt{\dfrac{T_e - T_a}{y}}$ statt $\sqrt{\dfrac{\gamma_a - \gamma_e}{\gamma_a' - \gamma_e'}}$ gesetzt.

Das Resultat ist ungefähr im Verhältnis der beiden Wurzelwerte zu klein und kann nachträglich korrigiert werden.

$$\sqrt{\frac{T_e - T_a}{y}} = \sqrt{\frac{20}{12,6}} = \mathbf{1,26};$$

$$\sqrt{\frac{\gamma_a - \gamma_e}{\gamma_a' - \gamma_e'}} = \sqrt{\frac{12,97}{\gamma_{51,2} - \gamma_{62,8}}}{}^{[1]} = \sqrt{\frac{12,97}{6,28}} = \mathbf{1,44}.$$

[1] Siehe Fußnote S. 13.

Der empirische Wert von y ist also im Verhältnis von
$\frac{1,44}{1,26} = 1,14$ zu vergröfsern und nach unten abzurunden.

$$12,6 \cdot 1,14 = 14,36 \sim 14 \text{ wie früher.}$$

Berechnet man für die Werte des ersten Beispiels

$T_a = 65$, $T_e = 90$, $K_x = 181,5$, $K_{max} = 363$, $x = 53^0$
die sich einstellende Temperaturdifferenz auch für 0^0 Aufsentemperatur, so ergibt sich für $y = 17,9 \sim 18^0$ und die Wassertemperatur im Steigrohr zu 62^0 statt zu $64,5^0$ C (bei $T_a = 75^0$,
$T_e = 95^0$.)

Folgende Tabelle enthält die zusammengehörigen Werte
analog der früheren Aufstellung.

Aufsentemperatur	—20	—15	—10	—5	±0	+5	+10°C
Steigrohrtemp.		90	83,7	76,9	69,6	62,0	53,8	44,3°C
Rücklauftemp.		65	60,3	55,1	49,4	44,0	38,2	31,7°C
Temperaturdifferenz im Vor- u. Rücklauf	25	23,4	21,8	20,2	18,0	15,6	12,6°C

Die so berechneten Temperaturen für das Heizwasser
treffen genau zu, wenn der berechnete maximale Wärmebedarf nur Wärmeverluste nach dem Freien enthält, so dafs
bei halber Temperaturdifferenz auch nur die Hälfte der Wärme
transmittiert, wie dies bei der seitherigen Rechnung voraus-
gesetzt wurde. Trifft dies nicht zu, so kann K_z nicht ohne
weiteres aus dem Maximalbdarf durch Proportionalität ermittelt werden, sondern es ist für die entsprechenden Aufsentemperaturen jeweils der Wärmebedarf rechnerisch zu be-
stimmen, unter Berücksichtigung etwa gleichbleibender Wärmeverluste nach Korridoren und Nachbarräumen. Wird der
Wert von K_z auf diese Weise einwandfrei für die verschiedenen Aufsentemperaturen ermittelt, so ist gegen das Rech-
nungsverfahren in bezug auf Genauigkeit nichts zu bean-
standen. Es ergibt sich dabei allerdings die Tatsache, dafs
die Heizwassertemperatur sich mit der Veränderung der
Aufsentemperatur nicht für alle Räume in gleichem Mafse
ändert, so dafs für ein besonders genaues Vorgehen die Prüfung mit kleinen Variationen der Heiztemperatur für die ab-
weichenden Räume getrennt durchgeführt werden mufs,

besondere dann, wenn der Anteil der Wärmeverluste durch
Innenwände teilweise ein erheblicher ist.

Bei solchen Untersuchungen wird man Wert darauf zu
legen haben, daſs die Temperatur der Umgebung den vertraglichen Voraussetzungen entspricht. Die Berücksichtigung
dabei auftretender Abweichungen wird bei Behandlung der
Methode des Überheizens bei Dampfheizung näher beleuchtet
werden.

**Berechnung der Raumtemperatur, welche sich bei voller
Wirkung eines Dampfheizkörpers bei verschiedenen
Aufsentemperaturen erreichen läſst.**

Während bei der Wasserheizung die Garantieheizung durch
entsprechende Wahl der Heizwassertemperatur ohne erheb-
liche Störung der bewohnten Räume möglich ist, besteht bei
der Dampfheizung diese Annehmlichkeit nicht, obwohl auch
hier bei entsprechender Ausführung eine Zentralregulierung
durch Variation des Betriebsdruckes möglich wäre, so daſs
es Aufgabe der Rechnung sein würde, die Höhe des Betriebsdruckes im Einklang mit der Aufsentemperatur festzu-
stellen. Die Wirkung einer Druckänderung auf den Heizeffekt ist jedoch bei groſsen horizontalen Entfernungen in
so erheblichem Maſse von der Rohrausführung abhängig, daſs
es untunlich ist, diesbezüglich ganz allgemein brauchbare
Angaben zu machen.

Es könnte daran gedacht werden, durch Handhabung
der Heizkörperregulierventile etwa den Bruchteil der Heizfläche einzuschalten, welcher im Verhältnis zur jeweiligen
Wärmetransmission des Raumes steht. Die Unsicherheit in
der Beurteilung des Erfolges bei der Handhabung der Ven-
tile schlieſst eine diesbezügliche Regelung von Hand aus,
wohl aber könnte bei selbsttätig wirkenden Temperaturregu-
latoren, welche n i c h t mit Unterbrechung des Zuflusses vom
Heizmedium, sondern durch allmähliche Querschnittsverengung
wirken, aus dem sich einstellenden Verhältnis der dampf-
umspülten und kalten Heizfläche der Heizkörper auf die ausreichende Bemessung der Heizfläche auch für andere Tem-
peraturunterschiede geschlossen werden, wenngleich die Fest-

stellung der Grenze zwischen »kalt« und »warm« wegen der grofsen Wärmeleitfähigkeit des Eisens gewissen Schwierigkeiten begegnet. Bei fortlaufenden Rohrspiralen würde dieser Weg am leichtesten zum Ziele führen (vergleiche: Dietz, Gesund-heits-Ingenieur 1909, S. 189). Bei der Verwendung inter-mittierend wirkender Temperaturregler treten Fehlerquellen auf, welche nach meiner Ansicht unberechenbar sind und zu unzutreffenden Schlufsfolgerungen führen können.

Solch günstige Verhältnisse können für die Praxis nicht als gegeben erachtet werden. Hier bleibt man in der Mehr-zahl der Fälle auf die Methode des Überheizens an-gewiesen.

Wird ein Dampfheizkörper in Betrieb gesetzt, so wird ein stationärer Zustand dann zu erwarten sein, wenn die Wärmeabgabe des Heizkörpers und die Wärmeverluste des geheizten Raumes gleich grofs sind.

In der früher angegebenen Gleichung 1), ist als mittlere Temperatur des Heizkörpers $t_m = 100^0$ C zu setzen. Die Wärmeabgabe eines Heizkörpers von der Oberfläche q qm berechnet sich alsdann bei einer Raumtemperatur t_i zu

$$W = \left(\alpha + \frac{100 - t_i}{30}\right) \cdot (100 - t_i) \cdot q.$$

Setzt man für t_i den entsprechenden Wert, d. h. die Raumtemperatur, z. B. $+ 20^0$ C ein, ebenso die für die niedrigste Aufsentemperatur berechneten Wärmeverluste W_{max} in WE/st und die Gröfse der eingebauten Heizfläche q in qm, so kann analog wie früher der Wert von α berechnet werden. Derselbe liegt z. B. für Radiatoren bei Niederdruckdampf-heizung je nach der Gliederzahl zwischen 8,8 und 5,2, bei sechs Gliedern ist $\alpha = 5,4$, für Rippenheizkörper ist α zwi-schen 4,3 und 1,8, Mittelwert $\alpha = 2,4$.

Bezeichnet man die gesuchte, bei gegebener Aufsentem. peratur unter der vollen Heizkörperwirkung sich einstellende Raumtemperatur mit t_r, dann ist die Wärmeabgabe des Heiz-körpers von q qm Heizfläche

$$= \left(\alpha + \frac{100 - t_r}{30}\right) \cdot (100 - t_r) \cdot q.$$

Diese Wärmemenge muſs im Beharrungszustand den Wärmeverlusten durch die Begrenzungswände nach auſsen bei der Innentemperatur t_r entsprechen.

Diese Wärmeverluste des Raumes setzen sich im allgemeinen aus verschiedenen Summanden zusammen, einem Teile A, welcher der Temperaturdifferenz zwischen innen und auſsen proportional gesetzt werden darf, es ist dies der Wärmeverlust durch Auſsenflächen. Derselbe ist in seiner Abhängigkeit von t_r wie folgt einzuführen:

$$A \cdot \frac{t_r - t_a}{t_i - t_{\min}}.$$

$A =$ Wärmeverlust durch die vorhandenen Auſsenflächen des fraglichen Raumes bei der tiefsten Auſsentemperatur $t_{\min}$ und einer Erwärmung des Raumes auf die vertragliche Temperatur t_i,

$t_r =$ erzielte Raumtemperatur bei voller Wirkung des Dampfheizkörpers bei einer Auſsentemperatur t_a in C,

$t_a =$ Auſsentemperatur, für welche t_r berechnet werden soll, in C,

$t_i =$ normale Innentemperatur, welche bei einer Auſsentemperatur $t_{\min}$ garantiert wird, in C,

$t_{\min} =$ tiefste Auſsentemperatur, für welche t_i garantiert ist und für welche A berechnet wurde, entsprechend einer Temperaturdifferenz $(t_i - t_{\min})$ in C.

Der durch Innenwände transmittierende Teil der Wärmeverluste ist von der Auſsentemperatur unabhängig. Diese Verluste sind getrennt zu behandeln für die verschiedenen Scheidewände, weil die bei der Versuchsheizung sich in der Umgebung einstellenden Raumtemperaturen verschieden ausfallen können und all diese Einflüsse getrennte Berücksichtigung erfordern. Wird z. B. die erreichte Temperatur $t_r = 25^0$ C statt derjenigen von normal 20^0 C, so erhöht sich der Wärmeverlust nach einem 15^0 C warmen Korridor auf das Doppelte, während der Wärmeverlust nach einem 10^0 C warmen Stiegenhause nur um 50% steigt. Anderseits entstehen neue Verluste nach etwa 20^0 warmen Nebenräumen, welche bei gleichmäſsiger Beheizung aller Räume gar nicht in Frage kamen.

Für eine solche Garantieheizung wird also eine Neuaufstellung der Wärmeverluste auch durch solche Scheidewände aufzustellen sein, welche für gewöhnlich nicht in Betracht kommen, weil sie die Trennung nach gleich hoch zu heizenden Nachbarräumen bilden.

Bezeichnet man die verschiedenen Temperaturen der Nachbarräume mit t_a', t_a'', t_a''' und so fort, die zugehörigen Wärmeverluste mit B', B'', B''' ...., so berechnen sich die Wärmeverluste nach den Nebenräumen bei einer Innen·temperatur t_r zu

$$B' \frac{t_r - t_a'}{t_i - t_a'} + B'' \frac{t_r - t_a''}{t_i - t_a''} + B''' \frac{t_r - t_a'''}{t_i - t_a'''}$$

unter der Voraussetzung, daß die vorgesehenen Temperaturen der Korridore und Nebenräume auch bei der Überheizung der Versuchsräume die gleichen bleiben, andernfalls sind für t_a im Zähler die jeweils festgestellten Temperaturen der Nebenräume einzusetzen.

Bezeichnet man die ev. neu entstehenden Wärmeverluste für 1° C Temperaturunterschied mit C', C'', C''' und so fort, und die festgestellten Temperaturen der zugehörigen Nachbar·räume mit t_{a1}, t_{a2}, t_{a3} ...., so tritt noch eine dritte Reihe von Summanden auf

$$C' (t_r - t_{a1}) + C'' (t_r - t_{a2}) + + ...,$$

welche die auf Grund der Überheizung auftretenden Wärmeverluste nach sonst gleichwarmen Nebenräumen zum Ausdruck bringen.

Die vollständige Gleichung lautet also:

$$\left(u + \frac{100 - t_r}{30} \right) (100 - t_r) \cdot q = A \frac{t_r - t_a}{t_i - t_{min}} + B' \frac{t_r - t_a'}{t_i - t_a'}$$

$$+ B'' \frac{t_r - t_a''}{t_i - t_a''} + + ... + C' (t_r - t_{a1}) + C'' (t_r - t_{a2}) + + .. \quad \text{Gl. 7)}$$

Besitzt ein allseitig freistehender Pavillon nur Wärmeverluste nach dem Freien, so kommt für die Berechnung von t_r nur der erste Summand in Frage. Die zusammengehörigen Werte von t_r und t_a berechnen sich für $t_i = 20°$, $t_{min} = -20°$ C wie folgt:

$$u = A \frac{1}{q (100 - t_i)} - \frac{100 - t_i}{30} \quad .... \quad \text{Gl. 8)}$$

z. B. für $A = 6456$ WE, $q = 10$ qm, berechnet sich

$$a = \frac{6456}{10\,(100-20)} - \frac{100-20}{30}$$
$$= 8,07 - 2,67 = 5,4.$$

Gleichung 7) geht in diesem Falle über in die Gleichung

$$\left(5,4 + \frac{100-t_r}{30}\right)(100-t_r)\cdot 10 = 6456\,\frac{t_r - t_a}{20 - (-20)}.$$

Aus der quadratischen Gleichung berechnet sich

$$t_r = 423 - \sqrt{152\,800 - 482\,t_a}$$

Zusammengehörige Werte sind folgende:

Aufsentemp. $t_a =$	−20	−15	−10	−5	±0	+5	+10°C
Innentemp. $t_r =$	+20	+23	+26	+29	+32	+35	+38°C
Temperaturdiffz. =	40	38	36	34	32	30	28°C

Die für t_r berechneten Temperaturen erscheinen relativ hoch im Vergleich zu den in überheizten Zimmern gelegentlich abgelesenen Temperaturen. Das erklärt sich sofort bei der rechnerischen Verfolgung eines Falles, wie er in der Praxis tatsächlich liegt, daſs nämlich auſser der Transmission nach dem Freien auch durch Innenwände Wärme verloren geht.

Setzt sich z. B. der Wärmeverlust von 6456 WE zusammen aus $A = 5256$ und $B = 1200$ WE entsprechend dem Wärmeverlust gegen einen 10° warmen Korridor, so berechnet sich unter sonst gleichen Verhältnissen t_r für $t_a = 0$ aus der Gleichung

$$\left(5,4 + \frac{100-t_r}{30}\right)\cdot(100-t_r)\,10 = 5256\,\frac{t_r - 0}{20+20} + 1200\,\frac{t_r - 10}{20-10}$$
$$t_r = 558,1 - \sqrt{558,1^2 - 29\,800} = 28,4°\,C$$

statt 32° nach obiger Tabelle. Aber auch diese verminderte Temperatur kann nur erreicht werden, wenn sämtliche neben-, ober- und unterhalb gelegenen Räume auf die gleiche Temperatur überheizt werden, also die Probeheizung z. B. auf das ganze Haus ausgedehnt wird.

Die erreichbare Temperatur wird also noch wesentlich geringer, wenn noch Wärme an weniger hoch geheizte Nebenräume verloren geht.

Betrachtet man in dieser Beziehung einen eingebauten Raum mit e i n e r Wandfläche nach dem Freien und einem Wärmeverlust bei 40° Differenz $A = 1133$ WE, einer Wandfläche nach einem Gang von $+ 10°$ C und einem Wärmeverlust bei 10° Differenz $B' = 222$, sonst allseitig von geheizten Räumen umgeben, welche durch Ventilregelung während der Probeheizung auf $+ 20°$ C erhalten werden. Der Wärmeverlust durch die beiden Seitenwände sei gleich und betrage für 1° C Differenz $C' = C'' = 46$ WE/1°/st, der Verlust durch die Decke für 1° Differenz sei $C''' = 30$ WE/1°/st und durch den Boden $C'''' = 15$ WE/1°/st.

Bei $- 20°$ C Aufsentemperatur, $+ 10°$ Gangtemperatur und gleich hoch beheizten Nebenräumen ist der maximale Wärmeverlust $A + B = 1355$ WE/st, für $a = 5,4$ ergeben sich 645 WE/qm Heizfläche oder 2,1 qm Heizfläche. Die Gleichung 7) lautet dementsprechend für $t_a = 0°$

$$\left(5,4 + \frac{100 - t_r}{30}\right) \cdot (100 - t_r) \cdot 2,1 = 1133 \, \frac{t_r - 0}{20 + 20}$$

$$\underbrace{+ \, 222 \left(\frac{t_r - 10}{20 - 10}\right)}_{\text{Gangwand}} + \underbrace{46 \, (t_r - 20)}_{\text{Seitenwand}} + \underbrace{46 \, (t_r - 20)}_{\text{Seitenwand}}$$

$$+ \underbrace{30 \, (t_r - 20)}_{\text{Decke}} + \underbrace{15 \, (t_r - 20)}_{\text{Boden}}.$$

Aus dieser quadratischen Gleichung berechnet sich $t_r = 1521,15 - \sqrt{1521,15^2 - 68\,514} = 22,7°$ C für eine Aufsentemperatur $= 0°$.

Obiges Beispiel entspricht einem Raume von einer Grundfläche $5 \cdot 6$ m, 3,2 m Höhe und $1/2$-Stein starken Scheidewänden nach den Nachbarräumen. Die Wärmeverluste durch die verschiedenen Begrenzungswände betragen bei 0° Aufsentemperatur nach obiger Aufstellung:

durch die Aufsenwand	$1133 \cdot \dfrac{22,7}{40}$	=	643
» » Gangwand	$222 \cdot \dfrac{12,7}{10}$	=	282
» » zwei Seitenwände	$92 \cdot 2,7$	=	248
» » Decke	$30 \cdot 2,7$	=	81
» den Boden	$15 \cdot 2,7$	=	41
			1295 WE.

Durch die erhöhte Raumtemperatur wird die Wärmeleistung des Heizkorpers von 1355 auf 1295 WE herabgesetzt.
Diese wenig'verminderte Wärmemenge ist nun ausreichend, um
bei 0° Aufsentemperatur eine Innentemperatur von nur 22,7°
zu erzielen, also eine wesentlich niedrigere Temperatur als
man schlechthin erwartet, und doch stimmen Rechnung und
praktische Erfahrung darin überein, dafs auch bei höheren
Aufsentemperaturen selten sehr hoch überheizte Räume zu
erzielen sind. Es erscheint zunächst auffallend, dafs gerade
solche Räume, welche sehr grofse Abkühlungsflächen n a c h
a u f s e n besitzen, dem gelegentlichen s t a r k e n Überheizen am
meisten ausgesetzt sind.

Der Einflufs des natürlichen Luftwechsels auf die Innen-temperatur beim Probeheizen.

Auch hier hat man, wie bei der Wärmetransmission zu
unterscheiden zwischen dem Luftaustausch durch die Aufsenmauern und demjenigen durch die Innenwände.

Der spontane Luftwechsel ist der Temperaturdifferenz
der Innen- und Aufsenluft proportional, er wird also beim
Garantieheizen bei höherer Aufsentemperatur und der dabei
eintretenden geringeren Temperaturdifferenz, soweit Aufsenmauern in Frage kommen, geringer ausfallen als bei gröfster
Kälte, aufserdem ist die eindringende Luft wärmer; zur Vor-
wärmung auf Raumtemperatur ist wegen der geringeren Temperaturdifferenz weniger Wärme notwendig.

Um sich darüber Rechenschaft zu geben, welchen Einflufs dieser Umstand gewinnen kann, mufs man die Luftdurchlässigkeit der Aufsenwände kennen. Diesbezügliche
Erfahrungszahlen sind seltener als Zahlen, welche uns über
den natürlichen Gesamtluftwechsel geheizter Räume aufklären.
Nach den Versuchen von G. R e c k n a g e l kann durchschnitt-
lich bei 15% Fensterfläche, bei Wänden ohne Tapete und bei
trockener Witterung mit ca. 3 cbm pro qm und 1 mm WS
Druckdifferenz gerechnet werden.[1]) Bei 3 m Höhe, 5 m Breite

---

[1]) Vergleiche auch: E. S c h i e l e, ›Die Lüftung der Säle‹,
Gesundh.-Ing. Jahrg. 1909, Nr. 29, S. 488 und 489, oder Bericht
über den Kongrefs für Heizung und Lüftung 1909, S. 103 u. 105.

= 15 qm Wandfläche, 20° Temperaturdifferenz (0° und +20°)
und bei in halber Raumhöhe liegender **neutraler Zone**
würde der Luftdurchgang betragen =

$$\underbrace{0,5}_{\substack{\text{Durchläs-}\\ \text{qm} \quad \text{sigkeit}}} \cdot 15 \cdot 3 \cdot \underbrace{0,5\,(1,2932-1,2049)\cdot 1,5}_{\text{mittl. Druckdifferenz mm WS.}} \sim \mathbf{1,5 \text{ cbm/st}}, \text{ also}$$

selbst bei 2 bis 3 fach gröfserer Durchlässigkeit aufserordent-
lich wenig.

Der Hauptanteil der natürlichen Ventilation wird durch
den Boden und die Decke vermittelt. Interesse hat hier also
in erster Linie die Temperatur des unterhalb gelegenen Raumes.
Während der allerdings geringe Luftwechsel durch die Aufsen-
wand bei höherer Aufsentemperatur geringere Anforderung
an die Heizleistung stellt, ist dies für die Hauptluftmenge
durch den Fufsboden und die relativ dünnen Innenwände
umgekehrt der Fall.

Werden alle Räume ungefähr auf gleiche Temperatur
geheizt, so macht sich dieser Einflufs weniger geltend, ist die
Temperatur des unterhalb gelegenen Raumes niedriger, wird
dieselbe z. B. bei der Probeheizung auf + 20° C erhalten,
während das zu kontrollierende Zimmer + 25° C warm wird,
so ist jedes eindringende Kubikmeter Luft um 5° C zu erwärmen, eine Mehrleistung, welche bei — 20°, wenn beide
Räume + 20° C warm sind, nicht eintreten würde. Handelt
es sich um eine Holzbalkendecke mit gewöhnlicher Dielung,
für welche eine Durchlässigkeit bis zu 5 cbm/qm/mm WS
Druckdifferenz nachgewiesen ist, so würden bei 0° Aufsentemperatur, 3 m Raumhöhen, + 20° unten, + 25° oben und
5·6 m Bodenfläche ein Luftdurchgang zu erwarten sein von

$$\underbrace{5 \cdot 6}_{\substack{\text{Boden-}\\ \text{fläche}}} \cdot \underbrace{5}_{\substack{\text{Durch-}\\ \text{lässig}\\ \text{keit}}} \cdot \underbrace{[1,5(1,2932-1,2049)+1,5(1,2932-1,1847)]}_{\text{Druckdifferenz mm WS}}=44,28\text{cbm/st}$$

Die Erwärmung dieser Luftmenge um 5° würde rund
69 WE pro Stunde in Anspruch nehmen. Das stellt bei einem
Zimmer von 5 auf 6 m Bodenfläche wohl das Maximum dar,
da eine Luftdurchlässigkeit = 5 nur bei ordinärer Dielung,
mit nicht ausgespänten Fugen gefunden wurde, während
sich die Durchlässigkeit bei gewichstem Eichenholz·Parkett-

boden = Null, bei Holzboden in gutem Zustand = 2,5 ergeben hat.

Nach den oben berechneten Zahlen kann man jeweils
ein Bild gewinnen, ob der Einfluß der natürlichen Lüftung
ins Gewicht fallen kann. Eine rechnerische Berücksichtigung
dürfte im allgemeinen entbehrlich erscheinen, um so sicherer,
je weniger sich die Temperatur des Versuchsraumes über
diejenige der Umgebung erhebt. Aber auch bei nennenswerter
Temperaturdifferenz können sich die Einflüsse wieder nahezu
ausgleichen.

Beträgt z. B. die Kellertemperatur konstant $+ 10^0$ C, so
wird bei einer Raumtemperatur von $+ 25^0$, welche beispiels-
weise bei 0^0 Außentemperatur erreicht wird, die durch den
Boden eines Parterrezimmers eindringende Luft von $+ 10^0$
auf $+ 25^0$ zu erwärmen sein, während dies bei $- 20^0$ und
$+ 20^0$ Raumtemperatur nur von $+ 10^0$ auf $+ 20^0$ erfolgen
müßte; der Wärmebedarf ist also unter den gewählten An-
nahmen bei höherer Außentemperatur pro cbm um $50^0/_0$
größer, während der Luftwechsel im Verhältnis von $25 : 40$
entsprechend der geänderten Temperaturdifferenz abnimmt.
Die Produkte $\frac{25}{40}$ (25—10) und $\frac{40}{40}$ (20—10) sind nahezu gleich
und es tritt hier z. B. keine nennenswerte Verschiebung des
Wärmebedarfes für den natürlichen Luftwechsel ein.

Einfluß der steigenden oder fallenden Außentemperatur auf das Versuchsergebnis.

Durch den Einfluß der Massen der Begrenzungswände
sowohl, als auch der Möbel und Einrichtungsgegenstände
werden die Temperaturablesungen innen und außen nur dann
als zusammengehörige Werte übereinstimmen, wenn geraume
Zeit hindurch beide Temperaturen sich vollständig konstant
erhalten haben. Die Temperatur im Freien ist im Verlauf
eines Tages jedoch Schwankungen unterworfen, im allgemeinen ist eine Zunahme von morgens bis nachmittags zu
erwarten, während gegen Abend und in der Nacht eine Ab-
nahme der Außentemperatur angenommen werden darf.

Bei gleichbleibender Heizwirkung wird die Temperatur im Inneren wohl Schwankungen im gleichen Sinne unterworfen sein, aber die Maxima und Minima werden zeitlich verschieden sein. Trägt man die etwa in halbstündigen Pausen notierten Temperaturen im Innern und im Freien als Ordinaten, die Zeiten als Abszissen auf, so läfst sich aus dem horizontalen Abstand der Maxima und Minima der Zeitunterschied feststellen, der die zusammengehörigen Werte trennt, und damit für solche Versuche ausreichend genau, das Bild korrigieren.

Bei steigender Aufsentemperatur werden die Ablesungen im Innern niedriger ausfallen, als wie sie sich tatsächlich im Dauerzustand für die momentane Ablesung im Freien einstellen würden, und umgekehrt werden bei fallender Aufsentemperatur die Innentemperaturen im Vergleich zur gleichzeitig beobachteten Aufsentemperatur zu hoch sein, was bei der Durchführung solcher Probeheizungen durch die oben erwähnte graphische Methode im Zweifelsfalle entsprechend zu berücksichtigen ist.

Um solche störende Einflüsse auf einen möglichst geringen Grad zu beschränken, empfiehlt es sich, die Versuche möglichst bei bedecktem Himmel zu machen, eventuell dieselben auch über Nacht gleichmäfsig fortzusetzen, auf diese Weise wird der Einflufs der Sonnenstrahlen, der im allgemeinen schwer einzuschätzen ist, am besten umgegangen, was um so mehr zulässig ist, als die Gewähr für ausreichende Erwärmung sich auf Tage ohne Sonnenschein erstreckt.

Einflufs der Änderung des Wärmeleitungskoeffizienten.

In der Praxis nimmt man allgemein an, dafs die Transmissionskoeffizienten für alle Temperaturdifferenzen konstant sind. Nach den Untersuchungen von N u s s e l t (Dissertationsschrift München) kann ganz allgemein angenommen werden, dafs sich der innere Wärmeleitkoeffizient mit zunehmender Temperatur des Wärmeleiters erhöht und zwar mit jedem Grad Temperatursteigerung um ca. $\frac{1}{273}$ seines Wertes[1]).

---

[1]) Ludwig D i e t z, Ventilations- und Heizanlagen. München 1909. S. 235.

Bei windstillem Wetter ist die mittlere Temperatur der Begrenzungswände nach aufsen dem Temperaturmittel zwischen innen und aufsen gleich.

Wenn unsere Transmissionskoeffizienten für — 20° C aufsen und + 20° C innen gelten, so würden sie einer mittleren Mauertemperatur von 0° entsprechen und wären danach bei 0° aufsen für eine mittlere Mauertemperatur von +10° C zu ermitteln und nach obigem $\frac{10}{273} = 3,65 \%$ gröfser.

Berücksichtigt man, dafs unsere Transmissionkoeffizienten für windiges Wetter gelten, so ergibt sich eine niedrigere mittlere Temperatur für Aufsenmauern, und zwar rechnungsgemäfs

$$- 5,75° \qquad\qquad \text{bei} - 20°$$
$$+ 6,76° \qquad\qquad \text{bei} + 0°$$

bei einer Innentemperatur von + 20° C. Die Temperatursteigerung im Mauerwerk beträgt also genauer 11° statt 10° und die Erhöhung des Wärmebedarfs bei + 0° Aufsentemperatur genauer $\frac{11}{273}$ oder 4 %.

Will man diesen Umstand berücksichtigen, so ist der Wärmeverlust bei höherer Aufsentemperatur, soweit er Aufsenwände betrifft, entsprechend der Temperatursteigerung zu erhöhen, der Wert von A $\frac{t_r - t_a}{t_i - t_{\min}}$ ist alsdann mit $\left(1 + \left(\frac{t_r - t_a}{2} - \frac{t_i + t_{\min}}{2}\right) \frac{1}{273}\right.$ zu multiplizieren. Der Einflufs ist um so geringer, je mehr sich die Aufsentemperatur der maximal angenommenen Kälte nähert; es empfiehlt sich daher die Heizproben aus diesem Grunde möglichst bei Temperaturen unter 0° auszuführen; man erzielt hierdurch gleichzeitig den Vorteil, den Einflufs etwaiger Durchfeuchtung der Aufsenwände durch atmosphärische Einflüsse in Regenform auszuschalten, welche andernfalls auch eine weitere Erhöhung der inneren Leitfähigkeit der Aufsenmauern zur Folge haben würden.

Schlufsbetrachtung.

Die in vorstehendem zum Ausdruck gebrachten Gesichtspunkte sollen dazu anregen, die für die Zentralheizungs-
industrie ebenso interessante als wichtige Aufgabe, sich bei
der Garantieheizung von der Aufsentemperatur möglichst unabhängig zu machen, durch praktische Versuche weiterhin
zu klären.

Abgesehen von der Prüfung der baulichen Zustände, des
ordnungsgemäfsen Schlusses der Fenster und Türen, sowie
der einwandfreien Herstellung der meist aus Holz herge-
stellten Kästen zur Aufnahme etwa vorhandener Rolläden,
sowie nach Prüfung der sachgemäfsen Ausführung etwa vorhandener Heizkörperverkleidungen[1]), wird man bei Warm-
wasserheizungsanlagen zunächst durch Hochheizen die für
gewöhnlich vom Heizbetriebe ausgeschalteten Räume auf die
zu garantierende Innentemperatur zu heizen versuchen, eventuell unter Verminderung der Heizwirkung in den normal
geheizten Räumen, und erst, wenn durch den erhöhten Heizbetrieb die so erreichte vertragliche Temperatur mehrere
Stunden aufrecht erhalten ist, wird man dazu übergehen, die
Heizwassertemperatur auf diejenige Höhe zu vermindern,
welche sich mit Rücksicht auf die Aufsentemperatur rechnungsgemäfs ergibt. Wie schon an geeigneter Stelle hervor-
gehoben, berechnet sich diese Heizwassertemperatur bei einer
nennenswerten Beteiligung der Innenwände an den Wärmeverlusten, nicht für alle Räume in gleicher Höhe, und es wird
in diesen Fällen notwendig, den Probebetrieb in Zweifels-
fällen für die einzelnen Räume getrennt durchzuführen, unter
Aufrechterhaltung der dem betreffenden Raume zukommenden
Heizwassertemperatur. Die Heizkörperventile in den übrigen
Räumen sind in diesem Falle in vollständig geöffnetem Zu-
stande zu belassen, um den normalen Kreislauf des Wassers
nicht zu verändern, bzw. nicht durch die Ausschaltung nahe-
liegender Heizkörper zu begünstigen und dadurch die mittlere
Heizwassertemperatur für den Versuchsraum künstlich zu
erhöhen. Sollte unter dieser Voraussetzung die Temperatur

---

[1]) Siehe S. 25.

der Nachbarräume die vertragliche Temperatur überschreiten, so ist diesem Umstand entsprechend Rechnung zu tragen, durch Berücksichtigung des auf diese Weise eintretenden Wärmegewinnes, wie auch im umgekehrten Falle, wenn die Nachbarräume eine niedrigere Temperatur als die vertragsgemäße annehmen, der erhöhte Wärmeverlust durch die Scheidewände nach diesen Räumen, analog wie bei der Methode der Garantieheizung durch Überheizung rechnerisch zu bewerten ist.

Im allgemeinen erfolge die Probeheizung bei möglichst tiefer Außentemperatur, zweckmäßig bei Temperaturen unter 0°, wie dieses im Vorausgehenden begründet wurde. Der Einfluß der natürlichen Lüftung auf das Versuchsergebnis wird um so geringer werden, je mehr die Temperatur des Raumes unterhalb des Versuchsraumes mit den darüber befindlichen übereinstimmt.

Bei nennenswerten Schwankungen der Außentemperatur ist die Verzögerung des Einflusses auf die Innentemperatur entsprechend zu berücksichtigen. Zur Ausschaltung des Einflusses der Sonnenstrahlen ist das Probeheizen möglichst bei bedecktem Himmel vorzunehmen und auf die Nachtstunden auszudehnen. Im allgemeinen sollen zur Durchführung der Probeheizung die fraglichen Räume sich in demjenigen Zustand befinden, d. h. möbliert und eingerichtet sein, wie es ihrer normalen Zweckbestimmung entspricht, und der Einfluß der Mauerfeuchtigkeit, herrührend aus der Bauperiode, durch einen mindestens einjährigen Stand des Gebäudes ausgeschaltet sein.

Die Prüfung der Kesselanlage auf ihre Leistungsfähigkeit wird einer besonderen Untersuchung vorzubehalten sein.

Berechnung der notwendigen Luftzirkulationsquerschnitte bei Heizkörperverkleidungen.

Die Lehr- und Handbücher für die Berechnung von Zentralheizungs- und Lüftungsanlagen pflegen sich in bezug auf die Bemessung der Zirkulationsöffnungen bei Heizkörperverkleidungen sehr vorsichtig auszudrücken, sie sprechen von »genügend grofsen Querschnitten«, ohne positive Angaben zu machen. Es sei daher im nachfolgenden versucht, auf rechnerischem Wege diesbezügliche Anhaltspunkte zu gewinnen, da in der Praxis häufig unzweckmäfsige Ausführungen angetroffen werden, welche die Wärmeabgabe der Heizkörper sehr beschränken und den Heizeffekt wesentlich beeinträchtigen.

Nach den Normen des Verbandes Deutscher Centralheizungs-Industrieller ist für 1 qm Radiatorenheizfläche die Wärmeabgabe bei einer Raumtemperatur von + 20° C mit maximal 700 WE/st und für Wasserheizkörper mit maximal 450 WE/st anzunehmen, wenn bei letzterer die mittlere Heizwassertemperatur 85° C und die Raumtemperatur + 20° C beträgt.

Nimmt man als Wärmeübergangs-Koeffizienten von Dampf durch Eisen an Luft den Wert 11 an, bezeichnet die mittlere Temperatur der den Heizkörper umspülenden Luft mit x, dann gilt für Niederdruck-Dampfheizkörper die Gleichung:

$$(100 - x)\ 11 = 700 \text{ oder } x = \mathbf{36{,}4}° \text{ C};$$

für Wasserheizkörper bei einem Übergangskoeffizienten 9 statt 11 die Gleichung:

$$(85 - x)\, 9 = 450 \text{ oder } x = 35^0 \text{ C.}$$

Als treibende Kraft p für die Luftzirkulation steht die Gewichtsdifferenz der Luft von Raumtemperatur (20^0 C) und der den Heizkörper umspülenden Luft, welche für Wasser- und Dampfheizkörper gleich und im Mittel ∞ 35^0 C gesetzt sei, von der Höhe h_1 in m (von Unterkante Heizkörper bis zur Austritts- öffnung) zur Verfügung. (Siehe Fig. 1).

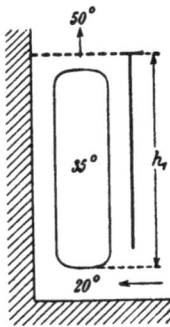

$$p = h_1\,(s_{20} - s_{35}) = 0{,}0587\, h_1 \text{ (mm WS).}$$

Wählt man den Zu- und Abströmquer- schnitt für die Zirkulationsluft gleich grofs, so kann mit Rücksicht auf die zweimal not- wendige Geschwindigkeitserzeugung (beim Eintritt sowohl als beim Austritt) und die sonstigen Widerstände der Reduktionskoef- fizient = 2,5 gesetzt werden, und die Ge- schwindigkeitsgleichung lautet alsdann:

$$\frac{v^2\, s_{35}}{2\,g} \cdot 2{,}5 = 0{,}0587\, h_1; \quad v = 0{,}64\, \sqrt{h_1} \text{ (m/sek).}$$

h_1 = Abstand der Heizkörperunterkante von der Mitte der Austrittsöffnung in m,

s_{20} = Gewicht 1 cbm Luft von $+ 20^0$ C in kg,

s_{35} = » » » » » 35^0 C » »

v = Luftgeschwindigkeit in m/sek,

g = Fallbeschleunigung = 9,81 m.

Die durch die Heizkörperverkleidung zu führende Luft- menge berechnet sich aus der Wärmeleistung des Heizkörpers = W Wärmeeinheiten pro Stunde, mit Rücksicht auf die Temperatur, mit welcher die Luft den Heizkörper verläfst. Die zuströmende Luft mit 20^0 angenommen, ergibt bei 35^0 mittlerer Temperatur eine Endtemperatur von $35 + (35 - 20)$ = 50^0 C.

Soll keine Beeinträchtigung der Wärmeabgabe des Heiz- körpers eintreten, so berechnet sich die erforderliche sekund-

liche Luftmenge L von im Mittel 35° C, welche den Heizkörper umspülen muſs, aus der Gleichung:

$$L = \frac{W}{3600 \cdot (50 - 20) \cdot 0,237 \cdot 1,1462}$$

$$= \frac{W}{29\,376} \text{ (cbm/sek)}$$

$$= 0,000034 \, W \text{ (cbm/sek)}.$$

Der für die Luftzirkulation unterhalb und oberhalb des
Heizkörpers in der Verkleidung notwendige Ein- und Aus-
trittsquerschnitt q in qm berechnet sich aus der Gleichung:

$$q = \frac{L}{v} = \frac{0,000034 \, W}{0,64 \, \sqrt{h_1}}$$

$$= 0,000053 \, \frac{W}{\sqrt{h_1}} \text{ (qm)}.$$

Bei der Aufstellung der Geschwindigkeitsgleichung für
die Zirkulationsluft wurde von der Voraussetzung ausgegangen,
daſs die mittlere Temperatur der Luftsäule von der Höhe h_1,
welche den Heizkörper umgibt, bzw. teilweise, von der Heiz-
körperoberkante bis zum Gittermittel, den Heizkörper überragt,
eine mittlere Temperatur von 35° C besitze. Diese Annahme ist
im Vergleich zur wirklichen Sachlage relativ ungünstig, d. h.
der berechnete Zirkulationsquerschnitt ist etwas zu reichlich,
weil die Temperatur von 35° nicht erst in der Hälfte der
Höhe h_1, sondern tatsächlich schon in tieferer Lage erreicht
wird, selbst unterhalb der halben Höhe des Heizkörpers, weil
z. B. bei Dampfheizkörpern die Temperaturdifferenz zwischen
Heizkörper und Zirkulationsluft am Fuſse des Heizkörpers
gröſser ist als im oberen Teile, also auch der Wärmeübergang
und die Temperaturerhöhung in der unteren Hälfte des Heizkörpers gröſser sein muſs als im oberen Teile. Das Temperaturmittel entspricht nicht der mittleren Temperatur,
letztere ist höher.

Ferner ist die Lufttemperatur über dem Heizkörper bis
zum Ausströmgitter konstant und gleich der Maximal-End-
temperatur 50° C, so daſs sich auch hierdurch bei genauer
Aufstellung der Gewichtsdifferenz eine Erhöhung ergeben
würde.

Die Höhenlage, in welcher die Zirkulationsluft die Temperatur von 35° C erreicht, läßt sich aus den genaueren Wärmeübergangsgleichungen für Einstrom bei Dampfheizkörpern und für Gegenstrom bei Wasserheizkörpern berechnen.

Bezeichnet:

$W =$ die der Rechnung zugrunde gelegte Wärmeabgabe eines qm Niederdruckdampfheizfläche $= 700$ WE/st,

$F =$ die Heizfläche in qm,

$K =$ den Wärmeübergangskoeffizienten von Dampf durch Eisen an Luft, wie oben angenommen $= 11$ WE/qm/st,

$t =$ die gleichbleibende Temperatur des Niederdruck dampfheizkörpers $= 100°$ C,

$t_1 =$ die Temperatur der zum Heizkörper strömenden Luft $= + 20°$ C,

$t_2 =$ die Endtemperatur der erwärmten Zirkulationsluft,

dann gilt folgende Gleichung[1]):

$$W = \frac{F \cdot K \, (t_2 - t_1)}{\log \text{nat} \, (t - t_1) - \log \text{nat} \, (t - t_2)}$$

für $t_2 = 50$ muß der Voraussetzung gemäß, unter Verwertung der oben angegebenen Zahlenwerte, $F = 1$ werden, während

für $W = \dfrac{700}{2}$, $t_2 = 35$ unter Beibehaltung der übrigen Werte

sich derjenige Prozentsatz der Heizfläche berechnet, welcher zur Erwärmung der Zirkulationsluft auf 35° C genügt, der gleiche Prozentsatz gilt auch für die Höhe des Heizkörpers von unten gerechnet, in welcher die Temperatur von 35° C erreicht wird.

$$F = \frac{350}{11 \, (35 - 20)} \left[\log \text{nat} \, (100 - 20) - \log \text{nat} \, (100 - 35) \right]$$

$F = 0{,}44$, entsprechend 44 %.

Die Zirkulationsluft hat also bei Dampfheizkörpern schon in 0,44 der Heizkörperhöhe, statt in halber Höhe von unten gerechnet die Temperatur von 35° C.

---

[1]) Siehe H. Recknagel, Kalender für Gesundheits-Techniker 1910, S. 99, Verlag von R. Oldenbourg, München.

Für Wasserheizkörper läfst sich im gleichen Sinne diese Höhenlage aus der Gleichung für Gegenstrom berechnen.

Bezeichnet unter Beibehaltung obiger Zeichen

t' = die Eintrittstemperatur des Heizwassers in den Heizkörper,

t'' = die Austrittstemperatur des Heizwassers aus dem Heizkörper,

dann gilt die Gleichung

$$F = \frac{W\,[\log \mathrm{nat}\,(t' - t_2) - \log \mathrm{nat}\,(t'' - t_1)]}{K\,(t' - t'' + t_1 - t_2)}$$

für $K = 9$, $t' = 95^0$, $t'' = 75^0$, $t_1 = 20^0$, $t_2 = 50^0$, $W = 450$ wird voraussetzungsgemäfs $F = 1$.

Zur Bestimmung der 35^0 Zone ist $t' = \dfrac{95 + 75}{2} = 85^0$, $t_2 = 35^0$ und $W = 225$ zu setzen, alsdann ist

$$F = \frac{225\,[\log \mathrm{nat}\,(85 - 35) - \log \mathrm{nat}\,(75 - 20)]}{9\,(85 - 75 + 20 - 35)}$$

$F = 0{,}473$ entsprechend $47{,}3\%$.

Man erkennt die für Dampfheizkörper im Vergleich zu Wasserheizkörpern etwas günstiger liegenden Verhältnisse. Der Unterschied ist nicht erheblich genug, um eine getrennte Behandlung zu rechtfertigen, wie es bei richtiger Beurteilung der praktischen Verhältnisse auch nicht angezeigt erscheint, irgendwie komplizierte Formeln aufzustellen. Die berechnete Verschiebung der Höhenlage der 35^0 Zone nach unten, zeigt dafs es zulässig ist, das oben errechnete Resultat

$$q = 0{,}000053\,\frac{W}{\sqrt{h_1}}$$ unbedenklich auf $0{,}00005\,\dfrac{W}{\sqrt{h_1}}$ abzurunden.

Drückt man den freien Zirkulationsquerschnitt in qcm statt in qm aus, dann ergibt sich die im Gedächtnis leicht haftende einfache Formel:

$$q = 0{,}5\,\frac{W}{\sqrt{h}}\ \ \text{qcm.}$$

q = freier Querschnitt der Ein- und Austrittsöffnungen oder Gitter für die Luftzirkulation in qcm.

W = Wärmeabgabe des Heizkörpers in WE/st.

h = Höhe des Heizkörpers ohne Füfse in m.

3

Durch die Vernachlässigung des bei oberer Luftabströmung noch vorhandenen kleinen Abstandes des Gitters ($h_1 = h$ gesetzt), ist eine weitere Sicherheit gegeben, bei seitlicher Abströmung mag der Gewinn an Höhe als Ausgleich für den Effektverlust durch die Ablenkung des Luftstromes nach der Seite gelten.

Die aus den Tabellen I und II ersichtlichen Werte für die notwendige Schlitzhöhe sind dann zutreffend, wenn die Breite der Zirkulationsöffnungen genau mit der Breite der Heizkörper übereinstimmt und diese ohne Vergitterung bleibt Bei Vergitterung der Luftein- oder Austrittsöffnungen ist die Gitterhöhe oder Tiefe des Gitters im Verhältnis der freien zur totalen Fläche zu vergröfsern, so dafs z. B. bei Verwendung eines Gittermusters mit der Hälfte freiem Querschnitt, das Gitter die doppelte Höhe des Schlitzes erhalten mufs. Sind die Zirkulationsöffnungen breiter als die Heizkörper, so kann eine entsprechende Reduktion der Höhe eintreten.

Tabelle I.

Schlitzhöhe bei Verkleidung zweisäuliger Radiatoren bei 80 mm Gliederabstand.

a) Niederdruckdampfheizkörper.

Ganze Höhe ohne Fuſs h =	1,185	0,985	0,685	0,585 m
Bauhöhe = ...	1,100	0,900	0,600	0,500 m
Heizfläche pro Element	0,60	0,50	0,35	0,30 qm
Wärmeabgabe pro Element = ...	420	350	245	210 WE/st
Freier Zirkulationsquerschnitt pro Element =	193	176	148	137 qcm
Schlitzhöhe = ...	24	22	19	17 cm

b) Niederdruckwarmwasserheizkörper.

Wärmeabgabe pro Element = ...	270	225	158	135 WE/st
Freier Zirkulationsquerschnitt pro Element =	124	113	94	88 qcm
Schlitzhöhe = ...	16	14	12	11 cm

Tabelle II.

Schlitzhöhe bei Verkleidung dreisäuliger Radiatoren bei 80 mm Gliederabstand.

a) Niederdruckdampfheizkörper.

Ganze Höhe ohne Fuſs h =	1,185	0,985	0,685	0,585	m
Bauhöhe = ...	1,100	0,900	0,600	0,500	m
Heizfläche pro Element	0,75	0,63	0,44	0,37	qm
Wärmeabgabe pro Element = ...	525	441	308	259	WE/st
Freier Zirkulationsquerschnitt pro Element =	241	222	186	169	qcm
Schlitzhöhe = ...	30	28	23	21	cm

b) Niederdruckwarmwasserheizkörper.

Wärmeabgabe pro Element = ...	338	284	198	166	WE/st
Freier Zirkulationsquerschnitt pro Element =	155	143	119	108	qcm
Schlitzhöhe = ...	19,5	18	15	13,5	cm

NB. Ist der Gliederabstand gröſser oder kleiner als 80 mm, so vermindert oder vergröſsert sich die Schlitzhöhe im gleichen Verhältnis.

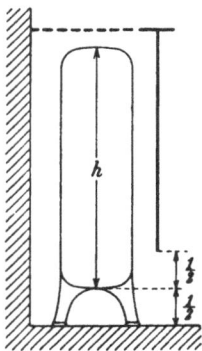

Fig. 2.

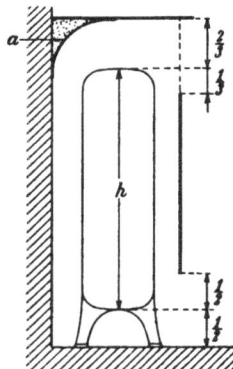

Fig. 3.

Der Berechnung liegt die maximal zulässige Wärmeabgabe der Heizflächen für Niederdruckdampfheizkörper mit 700 WE/qm/st und für Niederdruckwarmwasserheizkörper mit

3 *

450 WE/qm/st zugrunde. Wird unter sonst gleichen Umständen eine geringere Beanspruchung der Heizkörper vorgesehen, so können die Zirkulationsquerschnitte kleiner werden.

Bei der Ausführung der Heizkörperverkleidungen ist darauf zu achten, daß der berechnete freie Querschnitt mindestens zur Hälfte unter der Unterkante und zu $2/3$ über der Oberkante des Heizkörpers liegen muß, um der ungehinderten Luftzu- und Abströmung der den rückwärtigen Teil des Heizkörpers bestreichenden Luft zu ermöglichen. Leitbleche (a) sind bei seitlicher Abströmung sehr zu empfehlen.

Die in neuerer Zeit vielfach üblichen Kettengehänge entsprechen bei fehlender oberer Austrittsöffnung in den seltensten Fällen den zu stellenden Anforderungen in bezug auf den notwendigen Luftdurchgangsquerschnitt.

Die Anordnung von Gitterblechen in halber Höhe der Verkleidung haben für die Luftzirkulation so wenig Bedeutung, daß darauf verzichtet werden kann.

Um den Luftstrom nach oben nicht zu hemmen, soll die Vorderwand der Verkleidung mindestens 5 cm Abstand vom Heizkörper besitzen.

Es empfiehlt sich, die Luftzirkulationsöffnung am Boden nicht niedriger als 8 cm, besser noch einige Zentimeter höher auszuführen, damit die Reinigung des Bodens unter den Heizkörpern nicht erschwert wird.

Für die Montage ist zu beachten, daß der Abstand der Heizkörperunterkante vom Boden mindestens gleich der halben, besser $2/3$ der in den Tabellen angegebenen Schlitzhöhe sein soll, um den Luftzutritt zu der hinteren Heizkörperhälfte nicht zu beschränken. Aus dieser Erkenntnis geht hervor, daß die Füße der meisten im Handel vorkommenden Radiatoren, hauptsächlich für Dampfheizkörper, zu niedrig sind und die volle Ausnützung der Heizfläche nur möglich wird, wenn die Heizkörper nennenswerten Abstand von der Wand erhalten, damit die Luft auch von der Seite zur rückwärtigen Hälfte strömen kann. Dieser Mangel kann durch Aufstellen der Heizkörper auf Wandkonsolen korrigiert werden. Abdeckplatten (Marmorplatten auf Konsolen), welche häufig über

freistehenden Heizkörpern angebracht werden, erhalten zweck-
mäfsig einen Abstand von $^2/_3$ der aus den Tabellen zu ent-
nehmenden Schlitzhöhen.

Bei Heizkörpern mit oberer Luftabströmung erhält das
über der Heizfläche anzuordnende Gitter ca. 40 mm Abstand.

Nach den vorausgegangenen Konstruktionsregeln lassen
sich die Heizkörperverkleidungen in ihren notwendigen Ab-
messungen berechnen, und zwar nach der allgemeinen Formel

$$H = h_1 + h + h_2$$

$h_1 =$ $^1/_2$ bis $^2/_3$ Schlitzhöhe im Sinne der Tabelle I oder II,
als Mindestabstand des Heizkörpers vom Boden, ohne
Rücksicht auf die Breite der Verkleidung. Ist der
Heizkörper höher montiert, so ist der tatsächliche
Abstand der Unterkante des Heizkörpers bis zum
Boden als Schlitzhöhe einzusetzen,

$h =$ ganze Höhe des Heizkörpers ohne Füfse.

$h_2 =$ Abstand der Abdeckung über dem Heizkörper, also
$= 40$ mm bei Luftabströmung nach oben oder $^2/_3$ der
Schlitz- oder Gitterhöhe, welche sich mit Rücksicht
auf die Schlitzbreite ergibt.

Anwendung der Tabellen: Zu verkleiden sei ein zweisäuliger Radiator von 12 Gliedern oder Elementen von 600 mm
Bauhöhe, 685 mm ganzer Höhe, als Fensternischen-Heizkörper
einer Warmwasserheizung. Die Fensternischenbreite betrage
1,3 m, die Schlitz- bzw. Gitterbreite 1,2 m, während der Heizkörper bei 80 mm Gliederabstand 0,96 m breit sei.

1. Wie breit mufs das Gitter im Fensterbrett werden,
wenn das Gitter 60% freien Durchgang besitzt,

a) wenn alle Luft nach oben austritt?

b) wenn ein oberer freier Schlitz unter dem Fensterbrett von 5 cm Höhe erstellt wird?

2. Welchen Abstand mufs das Fensterbrett vom Boden
erhalten,

a) wenn alle Luft nach oben austritt?

b) wenn ein Teil der Luft durch den 5 cm Schlitz
entweicht?

c) wenn alle Luft durch einen seitlichen nicht ver-
gitterten Schlitz austritt?

d) bei Vergitterung des seitlichen Austrittsquerschnittes
durch ein Gitterblech von halbfreiem Querschnitt?

1 a) Schlitzhöhe nach Tabelle I bei 0,96 m Breite = 12 cm,
bei 1,2 m Breite $= \dfrac{12 \cdot 0,96}{1,2} = 9,6$ cm (Lufteintrittschlitz am
Boden). Bei 60 % freiem Querschnitt muſs die Gitterbreite
$\dfrac{9,6}{0,6} = \mathbf{16}$ cm werden.

1 b) $9,6 - 5 = 4,6$ cm; $\quad \dfrac{4,6}{0,6} = \mathbf{7,7}$ cm;

2 a) $h_1 = \dfrac{2}{3} \cdot 12$ cm $= 8$ cm $= 80$ mm; $h = 685$ mm;
$$h_2 = 40 \text{ mm},$$
$$H = 80 + 685 + 40 = \mathbf{805} \text{ mm}.$$

2 b) $h_1 = 80$, $h = 685$, $h_2 = \dfrac{2}{3} \cdot 50 = 33$ mm, da h_2 nicht
unter 40 mm ausgeführt wird, ergibt sich für
$$H = 80 + 685 + 40 = \mathbf{805}.$$

2 c) $h_1 = 80$, $h = 685$, $h_2 = \dfrac{2}{3} \cdot 96 = 64$,
$$H = 80 + 685 + 64 = \mathbf{829} \text{ mm}.$$

2 d) $h_1 = 80$, $h = 685$, $h_2 = \dfrac{2}{3} \cdot \dfrac{96}{0,5} = 128$,
$$H = 80 + 685 + 128 = \mathbf{893} \text{ mm}.$$

Bei Niederdruckdampfheizung würden sich unter sonst
gleichen Verhältnissen folgende Werte ergeben:

$$\begin{array}{llll}
1\,\text{a}) = \mathbf{25} \text{ cm}, & 1\,\text{b}) = \mathbf{17} \text{ cm}, \\
2\,\text{a}) = \mathbf{852} \text{ mm}, & 2\,\text{b}) = \mathbf{852} \text{ mm}, \\
2\,\text{c}) = \mathbf{913} \text{ mm}, & 2\,\text{d}) = \mathbf{1015} \text{ mm}.
\end{array}$$

In der Höhe können ev. 32 mm gespart werden, wenn
der Heizkörperabstand vom Boden statt $^2/_3$ nur halbe Schlitzhöhe beträgt.